我们都是咖啡人

16 位咖啡人的阅读感悟与推荐

（排名不分先后）

我甚至在咖啡里听到了诗歌。

咖啡已经渗入了我的梦里。

——格洛丽亚·蒙特内格罗 《咖啡简史》

用一生去雕琢

咖啡，是需要你一生去雕琢的行业。

咖啡带给人的感觉是非常强烈的，初入这个行业我也是抱着强烈的情感去投入，咖啡入口的感觉亦是五味俱全。咖啡更是一种体验，由满口香醇，到酸甜苦咸，再回归平衡而回味久存；由满怀激情的投入，到万念俱灰的煎熬，再回归平淡的制作，满怀希望的等待——
这个过程充满了愉悦的体验。

　　这本书的主人公正是这样，沉浸于
咖啡店的经营，沉浸于平静，用心与咖
啡、客人进行生活与人生的交流。

　　在这个国人充满各种欲望的时代，
引进一个平淡而安详的咖啡人的传记，
至少能抚慰一下投入这个行业的人心。
我们太需要放慢脚步来反思一下，观察
他人的足迹，特别是一个以平常心对待
咖啡的同行的旅程，在喧闹、嘈杂的世
界里，找到参照的标准，谦虚地对待自己、
同行和客人。

　　咖啡是有灵性的，它需要与你交流，

需要你放下躁动的心情，用平静的心态
去认真对待每一杯制作，每一个客人！

季　明

北京咖啡行业协会名誉会长（首任会长）

GEEcafe 创始人

2021 年 7 月

于北京

咖啡匠人猪田先生

"没有经验累积的理论都是空谈"，看看猪田先生 70 多年的经验累积能有多么惊艳！

日本是一个极度重视"匠人文化"的国家，而所谓的"匠人"，在日本的语言中亦写作"职人"，专指具有自信而专注的自我本色的表现，倔强而始终如一的专业工作者。本书作者猪田彰郎先生，由 15 岁方志于学的年纪，就开始在咖啡这个饮品的世界中一生悬命，在咖啡的世界中努力着，直至此书完成时猪田先生已经 85 岁，而他仍然在咖啡行业中实践并影响着后进。**这种一辈子做好一件事的精神，就是日本匠人精神的具体表现。**

本书以第一人称口述传记形式写成，共有四章，每章下各有数小节。第一章谈的是猪田咖啡冲泡方面的技术；第二章介绍制作美味咖啡的相关心法；第三章归纳猪田咖啡超过 70 年的历史与累积下来的文化；末章则由曾经在猪田咖啡店内工作，之后成功另外开设独立咖啡店的咖啡人回顾猪田咖啡对他们成功的影响。笔者站在现代咖啡人的角度，为读者做一点自己深有感触的书中亮点提要。

猪田先生在讲述咖啡冲泡的技术层面，让人感受到的是他早已进入一种**"见山又是山"**的最高境界——用一些很简单的方式将咖啡的风味制作到最好，并且保持数十年如一日风味稳定。从中可以感受到猪田先生累积了大量经验法则后的结论。非常让人惊讶的是，这些做法也完全符合在现代精品咖啡系统下，对咖啡制作需要讲究的要求重点：咖啡粉与水的比例，温度的控制，对过滤材料的控制，针对咖啡的状况做微调等，都是现代咖啡制作必须讲究的重点；而末段还谈到一个笔者常在授课时对学员强调的重点"情感与信心"。这些都是制作出美味咖啡不可缺少的条件。猪田先生应该没有学习过这些咖啡的理论课程，但经过数十年的经验累积，却也得到了完全相同的结论。

日本从明治维新运动（始于1868年）后就引入了喝咖啡的生活方式，因此在亚洲算是很早接触到咖啡饮料的民族。猪田咖啡创立在二战之后，那个处于经济萧条、物资匮乏的日本京都，可以想象当时一切都非常不容易。猪田先生自幼丧父，被叔父带入刚设立的咖啡店，筚路蓝缕、一足一印地将咖啡店深耕茁壮。而当中能成功的关键，可以在第二章的内容中窥见。虽然标题是制作美味咖啡的9个条件，谈的却没有任何关于咖啡制作技术的内容，而是完全地展现了服务业最重要的几个精神：**以客为尊，全力以赴，细心对待每一件事物，不妥协地重视卫生，以及一颗不变的初心**。在读到此章时，文字内容虽然简单，但每每使得笔者点头如捣蒜——与笔者超过20年的经验完全符合。这段内容，除了非常适合同为餐饮服务业的读者自我检视之外，也非常推荐其他领域的朋友，在生活中对人、对事、对物借镜省思！

　　猪田先生透过咖啡所展现出的最重要的核心思想是：人与人的关系。最后笔者仅以书中让自己感受最深的两句话与读者共享：

这个世界是由人与人之间的缘分构成的。

人的一生呢，最重要的就是与对的人相遇。

蔡治宇

达文西咖啡创始人

2021 年 7 月　小暑

于台北

回 归

回归。

这是一本能让你回归对饮食的最初眷恋那一刻的图书。

之前看过一本日本某企业的书，让我记忆犹新的一句话是：**"从 40 年的角度审视你的职业。"**作为一个习惯了北京节奏的咖啡人，我第一次去咖啡产区，面对一年只能产出一季咖啡，一切实验和改变都要以年为单位计，这让我陷入急躁和焦虑。但是时至今日，一不小心自己也做了 7 年咖啡，跑了 6 年产区了。这其中带给我最大的感受就是让我明白，应该以什么样的态度对待一项事业，**时间短了是工作，长了是事业，足够长了就是生活。**

我们在学习咖啡知识的过程中看了很多的教材——那些像是咖啡的说明书，而很少能看到这样一部关于咖啡的"小说"，还是真实故事，用时间书写的那种。书中透着一股淡然，字里行间也透露着"如有雷同，不胜荣幸"。

关注自我与顾客，细到顾客在喝咖啡之前在哪里吃饭，酒足饭饱之后应该喝到一杯什么样的咖啡，如何做出这杯带来幸福感的咖啡……不论读者是谁，作者一直在讲述着他是谁，70 多年来，他成为谁。

开卷有益，沁人心脾。

阚欧礼

捌比特咖啡创始人

咖啡烘焙师 / 撰稿人 / 混音师 / 录音师

2021 年 7 月

于北京

咖啡，亦是人生

这真的不是一本简单的咖啡书，它不只是有咖啡的冲煮技术，更有安抚职场人的人生智慧。

原来咖啡不只是喝的，也是用来品的。

喝咖啡就像品读人生——入口的热烈，一瞬间的焦苦，细品之后，开始回甘，坚果香、花香……但又始终伴随着苦和酸……

人生也是如此——儿时的成长，青

年的奔放，中年的跌宕，晚年的回忆
悠长……

　　咖啡，亦是人生啊。

　　"咖啡是有生命的，
　　它会传达我们的情感。
　　它和人一样，我们用爱去对待它，
　　它也会用爱回应我们。"

　　我对猪田先生这段话，特别有感触。
这里说的是咖啡，但也是人生啊！我们
每天面对这个世界，每天处理各种各样
的事情，这些外界和周遭，它们是怎么
反馈我们的，原来都取决于我们怎么对
待它们。

做一杯好喝的咖啡，并不难——寻一支好豆子，烘焙出豆子应有的样子，再研磨，然后冲煮出它应有的味道，仅此而已。这个过程需要点耐心，也需要点情感投入，毕竟咖啡豆是有生命的，需要你用情感来倾注其中，来给相同的咖啡豆带来不同的味觉体验。这个不同之处就在于你的情感投入得多与少，在于你情感投入的多样性。身处职场的人，不也是这样么？总希望职场上有更多的回报，殊不知回报都来自于你对职场的投入，你投入越多收获就越多。你投入感情，才能收获情感；你投入时间，才会收获未来。

读完这本《猪田彰郎的咖啡为什么

这么好喝？》，我对咖啡有了新的理解：原来每一杯咖啡的背后，都有一个有趣的灵魂；原来要好好地理解每一杯咖啡带来的不同体验，我们要尝试去体会这杯咖啡背后的故事——这种喝咖啡的体验是如此绝妙！

简单地喝一杯咖啡，只需要几分钟的时间，获得的是超过 12 小时的精神愉悦；静静地品一杯咖啡，也只需要几分钟的时间，获得的可能是一段不同寻常的人生体验。

自己才是人生的主人。多用一点点技巧，多花一点点时间，你的人生才会与众不同。

忙里偷闲，你也是需要一杯咖啡的。

一杯咖啡，可以让你更加动力充沛。

　　世间总有平凡与不平凡，但一切都可以放进咖啡馆。好好地喝完这杯咖啡，让我们勇敢地接受未来的挑战。

李　强

资深咖啡茶饮市场分析师

著有《咖啡馆的生存逻辑》

《就想开家咖啡馆》

2021 年 7 月　夜　微凉

于北京

用"心"做咖啡

用"心"做咖啡，才是咖啡好喝的秘诀。

位于日本京都的猪田咖啡店创立于1947 年。书中的主人公猪田彰郎 15 岁时进入叔叔的咖啡店打工，38 岁的时候成为猪田咖啡三条店的店长，一直到 65 岁才退休。他被评为京都最受欢迎的咖啡店店长，退休之后也依然活跃在日本各地传播咖啡文化。

在本书中，你可以看到许多有趣的

咖啡制作方法，它们看似跟我们学习的萃取理论大相径庭，比如不用手冲壶，而是用大汤勺（是的，你没看错！就是做饭用的大汤勺）往法兰绒上浇热水；直接用烧开的水冲咖啡等。

猪田先生从未像我们一样接受专业培训，他对咖啡的认知全部都来源于实践。但有趣的是，仔细琢磨下，他的方法又都符合我们学习的萃取理论。这让我大为惊叹。

如何能做出一杯好咖啡？猪田先生的秘诀就是用"心"。

他仔细琢磨客人的口味需求，从烘焙到冲煮方法，再到用什么杯子，这些环节形成了**猪田咖啡的特色：清爽，无**

饱腹感。包括高仓健、小百合等明星在内的客人几十年如一日地喜欢他的咖啡，可以"一口气喝两杯"，感觉"一直都是这个味道"。

书中他教大家在家冲泡咖啡时的用语，没有一个是专业词语，但是恰到好处，并如此贴近生活。**"什么都不要想，用沸腾的开水把它们彻底浇透，这就足够了"**，你看，这样教人做咖啡，学习的人一定会觉得做咖啡是多么容易，立刻蠢蠢欲动起来。反观我们却总是喜欢把专业的理论搬给学习的人，得到的效果是让对方觉得"做咖啡这么复杂""太麻烦了""还是算了"。

猪田先生还教大家，自己在家做咖

啡之前，先把环境清理、布置一下，才会"冲出美味的咖啡"。这何止是在教如何冲泡咖啡，明明是在教我们如何"生活"。

他的"用心"不仅仅是在咖啡上，书中还有很大篇幅写他如何接待客人，如何与客人交流，**"咖啡的味道不仅仅是其制作技术的体现，只要气氛足够好，咖啡也会变得好喝"**。他认为**"咖啡是有生命的"**，所以他认真对待每一颗咖啡豆，每一杯咖啡。

我深深地被猪田先生的精神所打动，似乎我们太过注重于咖啡本身，急着把我们认为好的咖啡提供给客人，而却忽略掉了客人的真正需求，忘记了喝咖啡是一种综合的体验，而绝非仅仅是这杯咖啡"好不好喝"。

所谓不忘初心，**"只专注于这一条道路，竭尽全力"**，这就是猪田咖啡好喝的原因吧。

老先生已于去年仙逝。如果有机会去京都，我一定要去猪田咖啡店感受一下先生遗留下来的"用心"。

Jennifer 曹

Hey! Coffee 创始人

SPR COFFEE、太平洋咖啡前高管

果壳在行首批入驻行家

2021 年 7 月

于北京

敬天爱物，
重新探索平凡工作的价值

　　当人将爱正确地投入到事业中，随之而来会产生很多灵感，从而事业就变成实现人生目标的工具。有这样的心态，无论遇到什么困难，都能勇敢面对、坚持不懈。

　　一间咖啡店貌不惊人，却含藏产、供、销一条龙的基础商业结构，同时也承载着人们对各种美好生活的记忆与憧憬。

　　面对挑战，猪田先生用自己朴素、细致的行为，专业、严谨的态度，表达自己对事业的热爱，对用户的尊重。这是对待生命的最大诚意，让生命在过程中绽放光芒。态度无关乎事情大小，在于严谨的工作背后对自然理解的一种人文素养。

本人一直在带领团队学习稻盛和夫先生的经营哲学与 6S 精益管理。书中对咖啡制作的用心与用户需求的无微不至，源自猪田先生于细微处见功底的，支撑一个生命的专注之力。这恰恰也是精益创业的精髓之处。

面对金融主宰的商业帝国，我经常反思这类人文咖啡馆存在的意义与价值。这类空间让人从喧嚣走向宁静，让疲惫的身体可以暂时停歇；让灵魂去体验思考之美，感受生活带来的喜悦与苦涩。在上海工作的这些日子，我亦从伙伴们做事的态度上体会到一二。

猪田先生用自己深耕于咖啡行业的经验告诉我们，**商业背后的内心表达，是资本无法用经济杠杆去衡量的价值。**在物质世界极大丰富的今天，我们需要从生命的质量反观自己对幸福的追求与定义。让生活慢下来，用心来感受或斑驳的午后，或蝉鸣的夏晨，一缕轻风裹挟着的醉人心脾的咖啡香气，闲适的背后则是一种生活态度的传递。这些点滴构成了层叠的生命状态的画卷。

重新定义美好，重新找回感受，重新探索价值。猪田先生深入浅出地带我们徜徉在咖啡之旅的海洋，让我们通过咖啡认识自己，认识生活，认识世界。

这本书让你找到平凡工作背后的驱动力。做正确的事从来都不容易，而猪田先生通过自己的毅力告诉我们：**找对方向，剩下的就是不断的学习与尝试；只有通过走脑的思考，走心的服务，才能制作出有生命力的产品。**

本书通过简单平实的文字描述，帮助我们理解猪田先生想传达的理念，思考他传递的敬天爱物的职业精神。建议读者透过本书的内容，去思考猪田先生工作态度背后所追求的价值与意义，用

持之以恒的毅力，持续为灵魂乐土建设
生态王国。

宋红艳

北京艾利根文化发展有限公司总经理

艾利根空间联盟发起人

艾利星选创意咖啡项目负责人

2021 年 7 月 11 日

于上海

我们有很多理性、科学的方法去辨别咖啡的优劣，但在咖啡馆，一次让客人觉得满意的咖啡体验，甚至成为几十年如一日的消费习惯，往往少不了咖啡以外因素的烘托。这本书，并不时尚，也没有精准的咖啡制作参数，作者是从经验技巧和营造好的咖啡馆氛围、待客之道，还有品牌、匠心等方面，做了十分坦诚的分享——像是一位以身作则、言传身教的老师傅，让你认识一个受人认可的品牌和一杯值得远道而来的咖啡。

林健良

咖啡沙龙联合创始人

《咖啡年刊》主编

一本书道尽日本咖啡匠人猪田彰郎先生 70 余年的工作经验和成功心法，返璞归真，开卷有益——可以是咖啡从业者的精神读物，亦可作为咖啡爱好者的技法参考用书。

庄　仔（庄崧冽）

中国本土文艺咖啡馆发起先锋

雕刻时光咖啡文化公司创始人

以果空间设计总监

著有《时光捕手：庄崧冽与雕刻时光》

喝咖啡能带来什么？纯粹的一杯咖啡，有氛围感的场所，愉悦的心情，不被打扰的聊天环境，老朋友般的温和问候……猪田咖啡店，有点朴素浪漫，还可以多加一条——"简单能去浮躁，持久方留真挚"。

猫　叔（毛作东）

MMaoCafe 猫叔咖啡 创始人

国内第一家企业咖啡馆——雕刻时光咖啡馆
（腾讯店）创始人

著有《猫叔与雕刻时光的故事：
轻松开一家赚钱的咖啡馆》

如果我们尝试定义"一杯好喝的咖啡"，专业赛场上自然是有严谨的打分标准；如果我们学习制作"一杯好喝的咖啡"，专业的培训课上也能学到诸多精细的参数对味道的影响。专业人士一定对以上内容烂熟于心。但是"好喝的咖啡"出了赛场则有千百种答案，制作咖啡有些关键却不可量化的因素通常鲜为人道。作者将自己多年的经验总结于书中，透过这些文字我从新的视角看到了有趣的答案。

　　我推荐本书给每一位喜欢、热爱咖啡的人。

杜嘉宁

M2M 咖啡培训与教育 培训师 & 负责人

2019 年世界咖啡冲煮大赛冠军

在这 21 世纪，每一位国人有幸经历中国的黄金时代。在这样的幸福时期，我们有幸了解、学习日本老一代的匠人精神，稻盛和夫先生的"敬天爱人"，田口护先生的"做正确的咖啡"，以及猪田彰郎先生的"不论在什么时候都要面带笑容，珍惜人与人之间的邂逅"，这些宝贵的精神都是指引我们前进的指路明灯。

郭　军

中咖道咖啡文化传播公司创始人

"咖啡是有生命的，它会传达我们的情感。它和人一样，我们用爱去对待它，它也会用爱回应我们。"这是我非常喜欢的猪田先生书里的一段话。

咖啡源自西方，但在日本经过百余年的沉淀与融合，已成为人们生活中密不可分的一部分。猪田先生一辈子专心做好一件极致的事情，使他成为日本"匠人"精神的典型代表。

先生是个有故事的人，他在书中不仅用浅显易懂的语言介绍了咖啡的冲泡技术和方法，还讲述了自己做咖啡馆的心路历程，让人读后既学习了咖啡知识，又对"匠人"精神有了更深层次的领悟，触发心灵，产生共鸣，回味无穷。

熊健妃

笛拉迷咖啡创始人

GOGOBLUE 咖啡创始人

作为一名咖啡爱好者，同时也是两家咖啡店的主理人，如何制作一杯好喝的咖啡是我每天都会思考的问题。这本书初看会以为是一本从理论和技术层面来探讨咖啡为什么好喝的书，但细细研读下来，会发现一杯好咖啡的构成不仅包括技术层面，如好的咖啡豆、适合的冲煮器皿、适当的冲煮参数、适宜的饮用温度，甚至适合的盛放杯具，更包括用心为顾客提供干净舒适的环境、好的氛围和热情的服务。

书中的理念和我经营咖啡馆的理念

不谋而合。在经营过程中我也会有很多困惑，面临很多困难，在我彷徨之际，书中一句话点醒了我，"困惑的时候，回到起点"，也就是我们常说的"不忘初心"。

张 艳

1/4 ONE QUARTER COFFEE LAB

创始人

市场大浪淘沙，"产品就是服务，服务也可以是产品"。书中讲述的猪田咖啡连锁店是 70 余年的老店，历经时代几多变迁，依然屹立不倒，依然人见人爱。它成功的秘诀是什么？作者已经不藏私地都写在书里了。

Joe. Wu

244COFFEE 创始人、咖啡狂人

绝大部分人接触咖啡的第一刻，

并不是因为它的美味。我们甚至都不

知道自己是从什么时刻开始，因为什

么原因，爱上了这杯闻着很香、喝着

很苦的饮品。我们闯入咖啡的世界，

试图摸索一些线索，而越来越发觉，

猪田彰郎先生描绘的那份热情、执着，

才是这么多人喜欢咖啡的原因。

陈宇威

九榀咖啡合伙人

市场上关于咖啡的书很多，很少有像本书这样讲好一杯好咖啡的真正精髓的。本书有咖啡老师傅的技法经验传授，更有一代咖啡匠人对工作的理解、对人生的感悟。

这是一本温暖、质朴的书，我诚意推荐给大家。

杨 光

页果咖啡创始人

将自己的一生奉献给一门职业，

埋头苦干，孜孜不倦，

这样的人最有魅力，

也最能打动我的心。

———稻盛和夫《干法》